LIEBLINGS HUNDE!

LIEBLINGS HUNDE!

KATHARINA VON DER LEYEN (TEXTAUSWAHL) & DEBRA BARDOWICKS (FOTOS)

INHALT

Mischling

DER WILL DOCH NUR SPIELEN

Golden Retriever

Es könnte durchaus sein, dass wir in gewissen Bereichen im Vergleich zu Hunden den Kürzeren ziehen. Vielleicht ist es gar nicht so schlecht, wenn uns jemand »Du Hund!« nennt.

JOHN RICHARD STEPHENS

Italienisches Windspiel und Königspudel

Canis lupus familiaris, der Haushund, ist heute eines der erfolgreichsten Säugetiere der Welt, weil er seine Flagge neben der unseren gehisst hat. Es gibt schätzungsweise 400 Millionen Hunde auf der Welt.
Viele Hunde in der westlichen Welt werden mit Biokost ernährt, gehen zu Hunde-Chiropraktikern und in Hunde-Tagesstätten und zerkauen jedes Jahr Millionen Dollar in Form von Hundespielzeug: Das nenne ich eine erfolgreiche Spezies.

Patricia B. McConnell

Ich habe drei Haustiere, die dieselbe Funktion erfüllen wie ein Ehemann: einen Hund, der jeden Morgen knurrt, einen Papagei, der den ganzen Nachmittag lang flucht, und eine Katze, die nachts spät nach Hause kommt.

Marie Corelli

Das Leben von Hunden ist zu kurz.

AGNES SLIGH TURNBULL

Islandhund

Das ist eigentlich ihr einziger Fehler.

Labrador Retriever

Der eigene Hund macht keinen Lärm, er bellt nur.

Kurt Tucholsky

Jack Russell Terrier und Mischling

10 DINGE, DIE WIR ÜBER ECHTE HUNDE WISSEN

Was sie betrifft, besteht ihr Umfeld aus Kauspielzeugen (Artefakte, Symbole, ideelle Werte bedeuten ihnen nichts)

Amoralisch (kein Richtig oder Falsch, nur ungefährlich kontra gefährlich)

Eigennützig (Hunde haben keinerlei Bedürfnis zu gefallen)

Schmalspurhirne (kleine, relativ unverknäulte Gehirne, die ausschließlich über operante oder klassische Konditionierung lernen können)

Raubtiere (Aufspüren, Jagen, Packen & Halten, Auseinandernehmen und Kauen sind eng miteinander verbunden)

Hochgradig sozial (extrem bindungsfähig, können Isolation sehr schlecht ertragen)

Begrenzte Sozialisierungsphase (fliehen oder bekämpfen alles, was sie nie erlebt haben)

Opportunistisch & leidenschaftliche Aasfresser (wenn es essbar ist, iss es, und zwar GLEICH)

Konflikte mithilfe ritualisierter Aggression lösen (keine Briefe an die Redaktion, keine Anklagen)

Hoch entwickeltes Riechzentrum

JEAN DONALDSON

Lappländischer Rentierhund

Mein Hund kann bellen wie ein Abgeordneter, buckeln wie ein Stabsmitarbeiter, betteln wie ein Presse-Attaché und sich tot stellen wie das Mädchen am Empfang, wenn das Telefon klingelt.

ABGEORDNETER GERALD B. H. SOLOMON

Australian Shepherd

INSCHRIFT AUF DEM GRABSTEIN FÜR BOATSWAIN, NEUFUNDLÄNDER VON LORD BYRON

An dieser Stelle
ruhen die Gebeine von Einem,
Welcher Schönheit besaß ohne Eitelkeit,
Stärke ohne Übermut,
Mut ohne Wildheit,
Und alle Tugenden des Menschen ohne seine Laster.
Dies Lob, unpassende Schmeichelei
Wäre es, über menschliche Asche geschrieben …
Nur ein gerechter Tribut ist es für das Andenken
von Boatswain, einem Hunde,
Der geboren war auf Neufundland, Mai 1803,
Und starb zu Newstead Abbey, 18. November 1808.

Lord Byron

Neufundländer

DER VERSTEHT JEDES WORT

Alles Wissen, die Gesamtheit aller Fragen und Antworten steckt im Hund.

Franz Kafka

Uns rührt das konkrete Leid eines Tieres mitunter stärker an als die existenzielle Verlorenheit eines Menschen. Vielleicht, weil wir uns zu erinnern glauben, als Kinder der Ohnmacht ähnlich ausgeliefert gewesen zu sein, Gefangene eines Augenblicks ohne Ausflucht und Hoffnung, wie die Tiere im Käfig der Zeit.

ANDREA KÖHLER

Mischling

Azawakh

Ich habe mich immer beinahe menschlich gefühlt. Ich wusste immer, dass ich irgendwie anders bin als die anderen Hunde. Sicher, ich stecke im Körper eines Hundes, aber das ist nur eine Hülle. Wichtig ist doch, was in mir steckt. Die Seele. Und meine Seele ist sehr menschlich.

GARTH STEIN

Du denkst, Hunde kommen nicht in den Himmel? Ich kann dir sagen, sie werden lange vor uns dort sein.

Robert Louis Stevenson

Mischling

Mischling

Der Hund ist der Gott der Ausgelassenheit.

Henry W. Beecher

Islandhund

Ab und zu hat die richtige Person das große Glück, dem richtigen Hund zu begegnen, genügend Zeit zu haben, sich um ihn zu kümmern und mit ihm eine tiefe Verbindung einzugehen. Es bedarf eines Zusammenlaufs von Glück und dem richtigen Zeitpunkt, sich gerade an einem bestimmten Punkt im Leben zu befinden, der zufällig zu den Eigenschaften, der Rasse und der Persönlichkeit eines bestimmten Hundes passt.

JON KATZ

Labrador Retriever

Foxterrier

Ich verachte Menschen, die sich Hunde halten. Das sind Feiglinge, die nicht den Mut haben, selbst zuzubeißen.

AUGUST STRINDBERG

Eurasier

Frisst der Hund viel grünes Gras,
gibt es bald von oben was.

Bauernregel

Das schönste Wesen, das je die Welt geschaffen hat«, notierte Manfred Freiherr von Richthofen in seiner Autobiografie, erschienen 1917. Nein, keine Frau, und auch kein neues Flugzeug, wurde derart hymnisch gefeiert. Es war »mein kleines Schoßhündchen«, das er so bewunderte, eine »echte Ulmer Dogge« namens Moritz. Das bald »ungeheuer große« Tier, »von einem braven Belgier gekauft«, aber zum Glück »ganz rasserein«, sei ihm »sehr ans Herz gewachsen«, schrieb Richthofen verzückt. Moritz genoss deshalb Privilegien: Er »schlief mit mir im Bett und wurde vorzüglich erzogen«.

English Bulldog

Jack Russell Terrier

*Aber ein Hund erhob auf dem
Lager sein Haupt und die Ohren,
Argos, welchen vordem der
leidengeübte Odysseus
Selber erzog; allein er schiffte zum
heiligen Troja,
Ehe er seiner genoss. Ihn führten
die Jünglinge vormals
Immer auf wilde Ziegen und
flüchtige Hasen und Rehe:
Aber jetzt, da sein Herr entfernt
war, lag er verachtet
Auf dem großen Haufen von
Maultier- und Rindermiste,
Welcher am Tore des Hofes gehäuft
war, dass ihn Odysseus'
Knechte von dannen führten, des
Königs Acker zu düngen.
Hier lag Argos der Hund, von
Ungeziefer zerfressen.
Dieser, da er nun endlich den
nahen Odysseus erkannte,
Wedelte zwar mit dem Schwanze
und senkte die Ohren hernieder,
Aber er war zu schwach, sich
seinem Herrn zu nähern.
Und Odysseus sah es und
trocknete heimlich die Träne …
… Aber Argos umhüllte der
schwarze Schatten des Todes,
Da er im zwanzigsten Jahre
Odysseus wiedergesehen.*

Homer

HUNDELEBEN

Nach manchen Gesprächen mit Menschen hat man den Wunsch, einen Hund zu streicheln, einem Affen zuzulächeln und vor einem Elefanten den Hut zu ziehen.

Maxim Gorki

Ich habe des Öfteren darüber nachgedacht, warum Hunde ein derart kurzes Leben haben, und bin zu dem Schluss gekommen, dass es aus Mitleid mit der menschlichen Gattung geschieht; denn da wir bereits derart leiden, wenn wir einen Hund nach zehn oder zwölf Jahren verlieren, wie groß wäre der Schmerz, wenn sie doppelt so lange lebten?

Walter Scott

POLARIS
POLARIS
POLARIS

Als Hund eine

Johannes Rau

Katastrophe, als Mensch unersetzlich.

Es gibt Fakten über Hunde, und es gibt Meinungen über sie. Wenn Sie an Fakten interessiert sind, wenden Sie sich direkt an den Hund. Wenn Sie eine Meinung wollen, holen Sie sie von den Menschen.

J. Allen Boone

Sloughi

Jeder Hund sollte einen eigenen Menschen haben. Es geht doch nichts über eine wohlerzogene Person im Haus, die dem Hund das Bett aufschüttelt oder ihm sein Abendessen bringt, wenn er abends todmüde nach Hause kommt.

Corey Ford

Ich bin ich, weil mein kleiner

Gertrude Stein

Hund mich kennt.

Beagle

Labrador Retriever

Charley ist ein Frühaufsteher, und er sieht es gern, wenn auch ich mich zeitig erhebe. Und warum auch nicht? Gleich nach seinem Frühstück schläft er wieder ein. Im Laufe der Jahre hat er verschiedene, ganz unschuldig wirkende Techniken entwickelt, um mich aufzuwecken. Er kann sich mitsamt seinem Halsband so laut schütteln, dass ein Toter davon aufwachen würde. Wenn das nichts nützt, bekommt er einen Niesanfall. Aber seine vielleicht nervtötendste Methode ist es, ganz still neben meinem Bett zu sitzen und mich mit liebevollem und verzeihendem Gesichtsausdruck anzustarren; ich erwache aus dem Tiefschlaf mit dem Gefühl, jemand sähe mich an. Ich habe mittlerweile gelernt, meine Augen fest geschlossen zu halten. Wenn ich nur blinzele, niest er und streckt sich, und an Schlaf ist nicht mehr zu denken. Oft bleibt der Kampf zwischen unseren beiden Willen für eine ganze Weile unentschieden – ich mit zugekniffenen Augen, er vergebend –, aber fast immer gewinnt er. Er war so versessen aufs Reisen, dass er früh aufbrechen wollte, und für Charley bedeutete früh der allererste Schimmer von Helligkeit am Nachthimmel.

John Steinbeck

Man musste nicht erst einen Stock ins Wasser werfen, um ihn zum Hineinspringen zu bewegen. Wenn man natürlich einen Stock warf, sprang er natürlich hinein und brachte ihn zurück. Er hätte auch ein Klavier apportiert, wenn man eines ins Wasser geworfen hätte.

James Grover Thurber

Woran sollte man sich von der endlosen Verstellung, Falschheit und Heimtücke der Menschen erholen, wenn die Hunde nicht wären, in deren ehrliches Gesicht man ohne Misstrauen sehen kann?

ARTHUR SCHOPENHAUER

Mischling

DER TUT NIX

Eines Tages spaziert ein älterer, müde wirkender Hund in meinen Garten. Er war gut gepflegt, entspannt und trug ein hübsches Halsband, war also offensichtlich nicht verloren gegangen und hatte ein gutes Zuhause. Er folgte mir ins Haus, ging ins Wohnzimmer, legte sich in eine Ecke und schlief sofort ein. Eine Stunde später wachte er auf, ging zur Tür, und ich ließ ihn hinaus.
Am nächsten Tag war er wieder da und wiederholte das Ritual. So ging es über ein paar Wochen weiter. Schließlich klemmte ich dem Hund einen Zettel unter das Halsband: »Ich wüsste so gerne, wo dieser wunderbare Hund hingehört, und frage mich, ob der Besitzer weiß, dass der Hund jeden Tag zu einem Mittagsschläfchen zu uns kommt.«
Am nächsten Tag erschien der Hund wieder zu seinem Schläfchen, mit einem anderen Zettel unter seinem Halsband: »Er lebt in einem Haus mit sechs Kindern, zwei davon sind jünger als drei Jahre – er versucht nur, sein Schlafdefizit aufzuholen. Kann ich morgen mit ihm mitkommen?«

Aus einer Rund-E-Mail aus USA

Mischling

Chihuahua

Dem Hunde, wenn er gut erzogen,
wird selbst ein weiser Mann gewogen.

JOHANN WOLFGANG VON GOETHE

Einen Kopf wie eine Schlange
Soll ein Windhund haben,
einen Hals wie ein Enterich,
Pfoten wie eine Katze,
einen Schwanz wie eine Ratte,
Flanken wie ein Pferd,
ein Rückgrat wie ein Hirsch.

Buch des Heiligen Alban

Whippet

Bordeauxdogge und Boston Terrier

Schlafende Hunde soll man nicht wecken.

Deutsches Sprichwort

DER WINDHUND FLICK VON FLECKENSTEIN

Der Windhund Flick von Fleckenstein
War zart und porzellanen
Mit einem Hauch von Elfenbein.
Er hatte hundert Ahnen.

Als Rassehund von altem Blut
(Wenngleich noch jung an Jahren)
Bewohnt er ein Rittergut,
In dem drei Fürsten waren.

Auf Seidenkissen, gelbgestreift,
Geruhte er zu ruhen.
Und war der Rasen kühl bereift,
Schritt er einher in Schuhen.

Die Hunde in der Nachbarschaft
(Es waren über hundert),
Die haben seine Hundeschaft
Ganz ungemein bewundert.

Einst, als der Hund alleine war,
Begann es zu gewittern.
Da sträubte sich sein edles Haar.
Der Hund fing an zu zittern.

Ein Blitz schlug in der Nähe ein,
Der ganze Boden bebte.
Sofort fiel Flick von Fleckenstein
In Ohnmacht. Doch er lebte.

Zum Glück kam eine Möpsin an,
Krummbeinig, dick und ältlich,
Die sah den Hund und sprach sodann:
Dich helf ick unentjeltlich.

Sie sagte (und sie schritt zur Tat):
Ick knöpf dir uf de Schuhe.
Ick schlecke dir dein Felechen jlatt.
Man imma mit de Ruhe.

Wat Frieda tut, is imma jut!
So sagte sie und lachte.
Der edle Hund aus altem Blut
Vernahms, als er erwachte.

Er fragte matt: Wer sind Sie, Frau?
Ick, Herr? Ick bin de Frieda.
Du warst vor lauta Ohnmacht blau
An deine janzen Jlieda.

Ick rieb dir schnell mit Spucke ein.
(Mein Herr ist Arzt, mein Bester.)
Da hauchte Flick von Fleckenstein:
Ich danke Ihnen, Schwester!

Dann lief er fort, so windhundschnell,
Als ob er räudig wäre.
Er war gesund an Leib und Fell,
Doch krank an seiner Ehre.

Sie hat mich, sprach von Fleckenstein,
Geduzt wie ihresgleichen.
Und ich, ich muß ihr dankbar sein!
Es ist zum Steinerweichen.

Er ward von dieser Kränkung krank,
Als hätt sie ihn gebissen.
Er starb auf einer Polsterbank
In gelbgestreiften Kissen.

Als Frieda seinen Grabstein fand,
Vergoß sie manche Zähre,
Weil dort in Gold auf Marmor stand:
ER STARB AN SEINER EHRE.

James Krüss

Stellen Sie sich vor, Sie sind tot. Nach vielen Jahren im Exil wird Ihnen erlaubt, einen einzigen Blick auf die Erde zu werfen. Sie sehen einen Laternenpfahl und einen alten Hund, der gerade sein Bein daran hebt. Es wird Sie so berühren, dass Sie nicht anders können, als zu weinen.

Paul Klee

Nach einiger Erfahrung mit Hunden halte ich es für möglich, dass wir von Tieren so viel lernen können wie sie von uns.

MARTIN WALSER

DA WAR DOCH WAS?

Die Treue eines Hundes ist ein kostbares Geschenk, das nicht minder bindende moralische Verpflichtungen auferlegt als die Freundschaft zu einem Menschen.

Konrad Lorenz

Wer Hunde hat, braucht keine Gurus. Hunde leben immer nur im Hier und Jetzt. Sie sind eine Springflut der Gefühle, und jedes dieser Gefühle ist irgendeine Variante von Liebe. Sie schaffen es, uns aus dem Intellekt ins Leben zu bringen. Sie erinnern uns immer wieder daran, wo wir eigentlich herkommen.

Cynthia Heimel

Hier in Pisa hingegen gab es, obwohl es von Hunden wimmelte, keine Rangstufen; alle – war das denn möglich? – waren Mischlinge. Soweit er sehen konnte, waren sie einfach bloß Hunde – graue Hunde, gelbe Hunde, gesprenkelte Hunde, gefleckte Hunde; es war jedoch unmöglich, auch nur einen einzigen Spaniel, Collie, Retriever oder Mastiff unter ihnen zu entdecken. Hatte die Rechtsprechung des Kennel Clubs denn in Italien keine Geltung? War der Spaniel-Club unbekannt? Gab es hier kein Gesetz, das den Schopf zum Tode verurteilte, das das lockige Ohr hochhielt, die Fahnen der Pfoten schützte und uneingeschränkt dafür eintrat, dass die Stirn gewölbt und nicht spitz sein müsse? Offensichtlich nicht. Flush fühlte sich wie ein Fürst im Exil. Er war der einzige Aristokrat inmitten der Canaille. Er war der einzige reinrassige Cockerspaniel in ganz Pisa.

Virginia Woolf

Cocker Spaniel

Französische Bulldogge

Hunde müssen am Boden schnüffeln; auf diese Weise informieren sie sich über das Tagesgeschehen. Der Boden ist eine gewaltige Hundezeitung, auf dem sich alle möglichen, Schlagzeilen-artigen Hundeneuigkeiten befinden, die, wenn sie ganz besonders dringend sind, über weite Strecken transportiert werden. Wir wohnen neben einem Hund von der Größe eines Flugzeugträgers, der »Bär« heißt und ununterbrochen preisverdächtigen Hundejournalismus in der gesamten Nachbarschaft hinterlässt. Meine Hunde sind große Bewunderer seiner Arbeit. Jeden Morgen rasen sie durch die Gegend und prüfen eingehend Bärs neueste Ergüsse, während ich ihnen Kommandos hinterherrufe und ihre Körper ekstatische Rezensionen ausdrücken: »Niemand schreibt wie Bär!«, »Ein echter Bär-Klassiker!« etc.

Dave Barry

Seit ich Hunde habe, weiß ich, dass es sich lohnt, immer ein paar Kuchenkrümel in der Hosentasche zu haben, will man wirklich uneigennützig geliebt werden.

KATHARINA VON DER LEYEN

Altdeutscher Schäferhund

Hunde sind ein großer Gewinn für jeden politischen Kandidaten, denn sie erwecken den Eindruck, dass er kein schlechter Mensch sein kann, wenn er von einem Hund geliebt wird.

DICK GREGORY

Zu Hause ist jeder Hund ein Löwe.

Giovanni Torriano

Freude an einem Hund haben Sie erst, wenn Sie nicht versuchen, einen halben Menschen aus ihm zu machen.

EDWARD HOAGLAND

VERSTEH' ICH AUCH NICHT

1952 musste sich der Republikaner Richard Nixon während der Präsidentschaftskampagne rechtfertigen, er habe insgesamt $18 000 (heutzutage ca. $140 000) in Form von illegalen Geschenken von Wählern akzeptiert. Am 23. September hielt er eine brillante, halbstündige Rede, die landesweit in Radio und Fernsehen ausgestrahlt wurde, in der er sich gegen die Korruptionsvorwürfe rechtfertigte und die schließlich als »The Checkers Speech« in die Geschichte einging: »... Ich muss zugeben, dass wir tatsächlich ein Geschenk angenommen haben. Unten in Texas hörte ein Mann, wie Pat im Radio davon sprach, dass unsere beiden Jüngsten sich einen Hund wünschten. Glauben Sie es oder nicht, aber am Tag, bevor wir uns auf die Reise für die Wahlkampagne machten, erhielten wir eine Nachricht vom Union-Bahnhof in Baltimore, dass dort ein Paket auf uns warte. Wissen Sie, was es war? Es war ein Käfig mit einem kleinen Cocker Spaniel, den uns der Mann den ganzen Weg aus Texas hinterher geschickt hatte. Schwarz-weiß gefleckt. Unsere kleine Tochter Tricia, die Sechsjährige, gab ihm den Namen Checkers. Und wissen Sie, die Kinder lieben diesen Hund, und ich sage Ihnen jetzt und hier: Egal, was irgendjemand davon halten mag: Wir werden Checkers behalten!«
Checkers rettete seinem Herrn unwissentlich die politische Karriere: Die Rede war ein großer Erfolg, und Eisenhower und Nixon wurden gewählt. Checkers starb 1964 und wurde auf dem »Bide-A-Wee«-Tierfriedhof in Wantagh auf Long Island begraben.

Bordeauxdogge und Boston Terrier

Mischling

Für seinen Hund ist jeder Mensch ein Napoleon. Deshalb sind Hunde so beliebt.

Aldous Huxley

Hunde lieben Gesellschaft: Sie steht ganz oben auf der Liste ihrer Bedürfnisse.

J. R. Ackerley

DER MOPS VON FRÄULEIN LUNDEN

*Der Mops von Fräulein Lunden
war eines Tags verschwunden.*

*Sie pflegte, muss man wissen,
tagtäglich ihn zu küssen.*

*Das hat dem Mops, wie allen,
die ehrlich sind, missfallen.*

*Der Küsse überdrüssig,
ward unser Möpschen bissig.*

*Er stritt mit allen Hunden
und selbst mit Fräulein Lunden.*

*Und gestern oder heute
entfloh er, liebe Leute.*

*Er floh vor Kuss und Schleifen.
Man kann den Mops begreifen.*

*Denn Schleifchen sind ihm schnuppe.
Ein Mops ist keine Puppe.*

*Dem Mops sind Küsse Qual,
so lautet die Moral.*

James Krüss

Französische Bulldogge und Shar Pei

SHAR-PEI

Er sieht aus wie ein Miniatur-Flusspferd, das von Kopf bis Fuß in einer schlecht sitzenden Nylonstrumpfhose steckt.

ROGER CARAS

Ich finde, wenn man echten Kummer hat, kann einem die stillschweigende Kameradschaft eines Hundes Trost vermitteln, wie es niemand sonst schafft.

Doris Day

Galgo

Stumme Hunde und

Sprichwort

stille Wasser sind gefährlich.

DAS HAT ER JA NOCH NIE GEMACHT

Meine Hunde sind mein Fenster in die ganz andere, einzigartige Welt, in der sie leben. Ich bin froh, dass ich dabei sein darf.

Katharina von der Leyen

Königspudel

Whippet

10 GRÜNDE, HUNDE ZU ZÜCHTEN

Sie finden, Ihr Haus ist viel zu ordentlich.

Sie können sowieso nie schlafen.

Sie wünschen Ihrem Tierarzt schon lange einen neuen BMW.

Ihre Möbel sehen irgendwie zu neu aus.

Sie lieben einfach das Geräusch von Welpen im Haus (morgens mittags, abends, um Mitternacht, in der Dämmerung etc. etc.)

Ihr Garten braucht Veränderung, und Sie wollen keinen Gartenarchitekten anheuern.

Ihre Nachbarn beschweren sich noch längst nicht genug.

Ihre Kinder sind keine echte Herausforderung.

Wenn man einen Hund erziehen und ausstellen kann, wieso nicht auch zehn?

Es gibt keine sicherere Methode, die Loyalität Ihres Lebenspartners zu testen.

ANONYMUS

Ein gut erzogener Hund wird nicht versuchen, etwas von Ihrem Mittagessen abzubekommen. Er wird Ihnen nur so große Schuldgefühle vermitteln, dass Sie Ihr Essen nicht genießen werden.

Doris Day

Mein Scotch Terrier weigerte sich immer, mit Freunden des Hauses spazieren zu gehen, sprang aber mit Begeisterung jedem Fremden ins Auto. Einmal, nachdem sie schließlich vollkommen erblindet war, entwischte sie aus dem Haus und kletterte in einen Lastwagen, der unsere Möbel in einen ganz anderen Stadtteil bringen sollte. Sie nahm auf dem Fahrersitz Platz und wartete majestätisch auf die Abfahrt, ein Bild unverhohlener Zufriedenheit. Sie liebte das Autofahren schon immer, und dieses Vergnügen schien mit fortschreitender Blindheit zuzunehmen. Ursprünglich war sie eine großartige Jägerin gewesen, und ich bilde mir ein, dass sie etwas von dem Nervenkitzel einer Verfolgungsjagd in der schnellen Fahrt des Autos wiederfand. Wenn es nach ihr ging, konnte der Wagen gar nicht schnell genug fahren. Wenn man verlangsamte, jaulte sie protestierend. Wenn man tatsächlich anhielt, wurde aus dem Jaulen fast Geheule. Sie setzte sich im Auto niemals hin, sondern stand steif aufgerichtet, die Nase im Wind. Ab und zu sah sie sich zu mir um mit einem entschuldigenden Ausdruck im Gesicht, als wolle sie sagen: »Ich habe dich nicht vergessen, aber es gibt nun einmal ein paar Freuden, die ich nicht mit dir teilen kann.«

Mazo de la Roche

Pudel hören immer sehr aufmerksam zu, wenn sie geschimpft werden, und gucken dabei unschuldig, verblüfft und missverstanden.

JAMES THURBER

Königspudel

Welsh Springer Spaniel

Vermutlich wird keinem Beziehungsgeflecht, ausgenommen das zwischen Mann und Frau, so viel Bedeutung zugemessen wie dem Verhältnis von Mensch und Hund. Es gibt tonnenweise Bücher dazu, sie heißen: »Mit Hunden sprechen«, »Für Hunde stricken«, »Beschwichtigungssignale der Hunde« und »Darf ich bitten … mein Hund als Tanzpartner«. Die Sterne- und Hundekundlerin Jeanne Philippi hat das astrologische Vademecum »Mein Hund und seine Sterne« vorgelegt, und die amerikanische Zoologin Elizabeth Marshall Thomas glaubt allen Ernstes, dass Hunde sich ihrerseits insoweit vermenschlichten, dass sie unser Lächeln nachahmten: »In Gegenwart von Menschen ziehen diese Hunde die Lippen grotesk weit zurück, um die Zähne zu blecken, sodass sie das gleiche Gesicht machen wie wir«, schreibt sie in ihrem Buch »Das geheime Leben der Hunde«. Man kann auf seltsame Gedanken kommen, wenn man stundenlang vor einem Hund sitzt und schaut, was er so macht.

Hilmar Klute

Denn Tiere sollen nicht mit menschlichem Maß gemessen werden. In einer Welt, die älter und vollständiger ist als die unsrige, bewegen sie sich vollkommen und vollendet, begabt mit Verfeinerungen der Sinne, die wir verloren oder niemals erworben haben, und sie leben mit Stimmen, die wir niemals hören werden. Sie sind nicht Brüder, sie sind nicht Untergebene – sie sind andere Nationen: wie wir selbst gefangen im Netz von Leben und Zeit, Mithäftlinge in Glanz und Mühsal der Erde.

Henry Beston

Papillon

HUNDEMÜDE

Hunde, egal, wie klein sie sind, werden im Bett zu riesigen, platzbedürftigen Dinosauriern, und im Laufe der Nacht endet der Mensch schließlich bescheiden zusammengerollt in einer Ecke des Bettes am Fußende und sieht bald seinen Chiropraktiker häufiger als seine besten Freunde.

Katharina von der Leyen

Cocker Spaniel

ABERGLAUBE

Im Volksaberglauben gilt der Hund als Orakeltier, das die Dinge zwischen Himmel und Erde sieht, von denen unsere Schulweisheit sich nichts träumen ließ.

Will man wissen, ob ein Schwerkranker am Leben bleibt oder nicht, dann wischt man ihm mit einem Stück Brot den Schweiß von der Stirn und wirft es einem Hund vor. Frisst er es, so gesundet der Kranke, andernfalls muss er sterben.

Einen Hund vom warmen Ofen zu verjagen, sei niemandem geraten: Er wird es sein Leben lang mit kalten Füßen büßen.

Sitzt ein Hund am offenen Fenster und schaut dabei ins Zimmer, so wird bald einer der Hausbewohner sterben.

Dagegen lässt man einem neugeborenen Kind am besten das Gesicht von einem Hund ablecken, dadurch zahnt es leichter und wird gute Augen bekommen.

Unübertrefflich gegen alle Arten von Halsleiden ist weißer Hundekot, äußerlich und innerlich anzuwenden.

Eine Salbe gegen Zauberei: 8 Lot Hundeschmalz, 18 Lot Bärenfett, 48 Lot Kapaunenschmalz muss man neun Wochen lang in die Sonne stellen, bis es grün wird, und damit dann die verzauberte Person einreiben. Hilft das nichts, so soll sie das Blut eines jungen Hundes trinken.

Was für ein wundervolles Glücks-Barometer so eine Hunderute ist; das Halbmast-Wedeln mit der äußersten Schwanzspitze zeigt nervöse Erwartung; dann das langsame Halbmast-Wedeln des aufmerksamen Hundes, der zu verstehen versucht, was sein Herr ihm da sagt, es aber nicht ganz begreift; das Volle-Kraft-voraus-Wedeln voller Glück und Aufregung, wenn der Hund wirklich glücklich ist; und nicht zuletzt der zwischen den Beinen eingeklemmte Schwanz des nervösen, schüchternen oder unglücklichen Hundes, der keinem traut und dem das Leben eine Last ist.

Barbara Woodhouse

Labrador Retriever

Zeige mir deinen Hund, und ich sage

Sprichwort

Magyar Viszla

dir, wer du bist.

*Wenn mein Hund aufwacht,
kann ich an seinem Blick erkennen,
dass er von mir geträumt hat.*

James Gardner

Königspudel und Rauhaardackel

Mischling

Ich hatte Rio erzogen zu bellen, wenn jemand an die Haustür kam. Reifliches Nachdenken brachte ihn jedoch zum Ergebnis, dass man niemandem den Eintritt wehren soll, weil es ja auch Menschen gibt, die etwas mitbringen – der Metzgerbursche etwa. Es genügt, überlegte er, die Leute am Weggehen zu hindern; dann ist man sicher, dass sie nichts mitnehmen.

Richard Katz

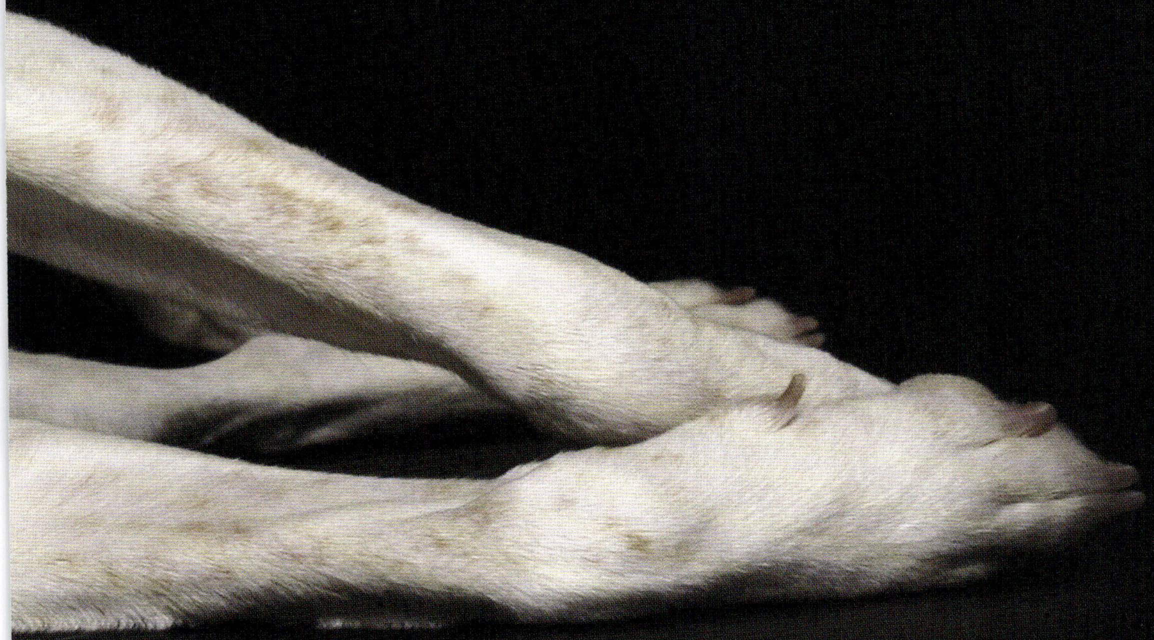

ICH BIN DANN MAL WEG

Orion heißt das Sternbild des Jägers. Sein Jagdbegleiter, der Hundsstern, wird für den Urheber der Sonnenglut vom 23. Juli bis zum 23. August gehalten. Daher der Name »Hundstage« für diese Jahreszeit.

Aus Erfahrung weiß ich, dass die Namensgebung eines Hundes mitnichten die einfache Angelegenheit ist, für die man sie halten könnte. Namen trägt man ein Leben lang, und aus gewöhnlich humoriger Absicht werden schreckliche Fehler begangen. Ich denke oft voller Mitleid an zwei meiner Bekannten, einen Mops namens Gertrude Stein und Fang – »Reißzahn« – der Chihuahua. Sehr drollig, keine Frage, wenigstens aus menschlicher Sicht, aber ein täglicher Quell der Peinlichkeit für die betroffenen Hunde. Es ist kein Spaß, als Witzfigur durchs Leben zu gehen.

PETER MAYLE

Foxterrier

Wer in Washington einen Freund sucht, muss sich einen Hund kaufen.

HARRY TRUMAN

real,-
Ab sofort länger für Sie da:
Montags bis samstags
8.00 bis 22.00 Uhr
einkaufen!
Hunde müssen draußen bleiben.
Hunde müssen draußen bleiben.

Bassett

Menschen, die Hunde halten (oder auch Katzen), leben länger als die, die es nicht tun. Das ist keine Pro-Hund-Kampagnen-Fantasie, sondern eine ganz einfache medizinische Tatsache, dass der beruhigende Einfluss der Kameraderie eines Haustiers den Blutdruck senkt und dadurch das Risiko eines Herzanfalls reduziert.

Desmond Morris

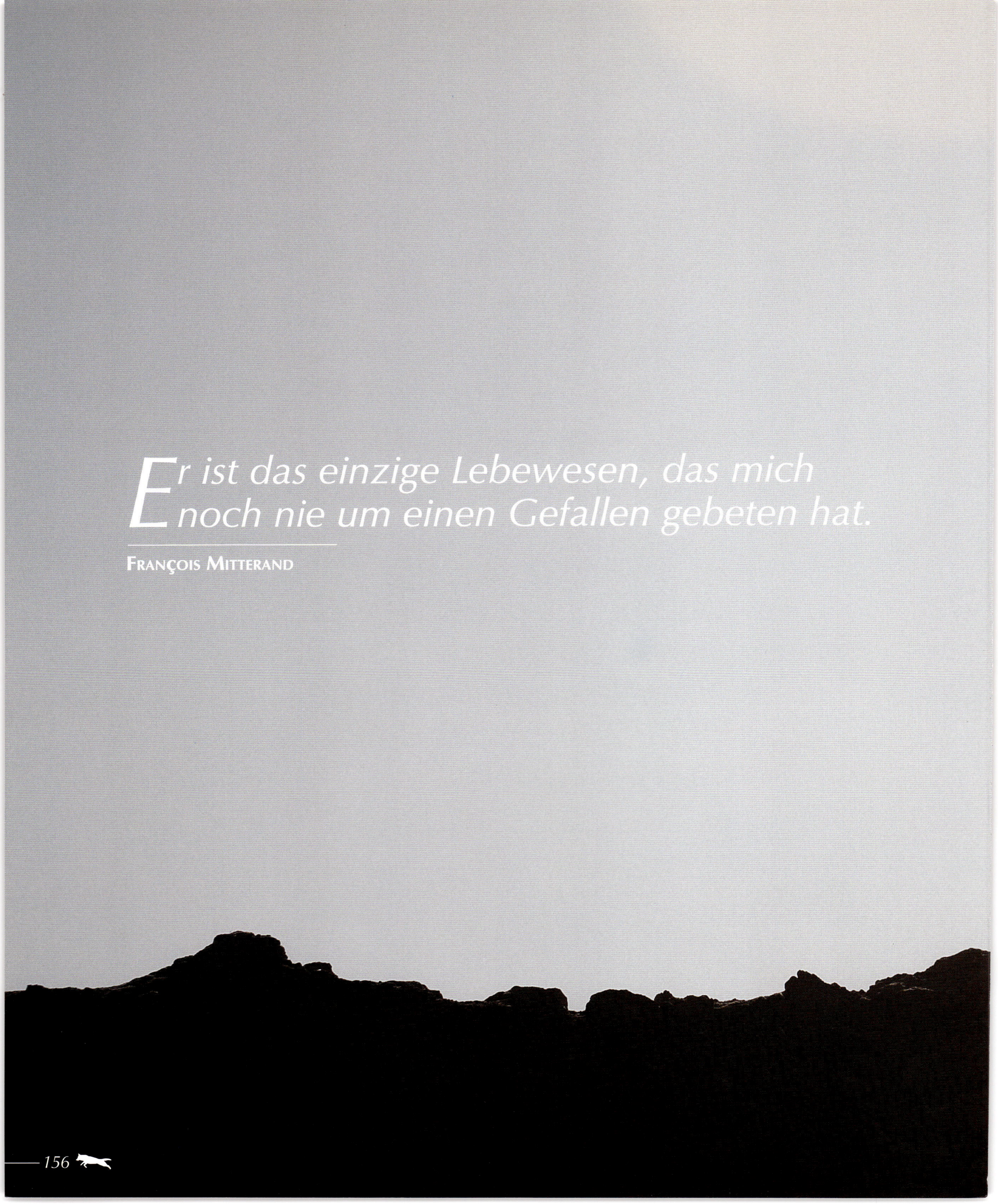

Er ist das einzige Lebewesen, das mich noch nie um einen Gefallen gebeten hat.

François Mitterand

Galgo

PERSONEN UND ZITATE

S. 9: **John Richard Stephens,** amerikanischer Autor und Herausgeber verschiedener Anthologien (*»Dog Lover's Literary Companion«*, *»Into the Mummy's Tomb«*).

S. 11: **Patricia B. McConnell,** amerikanische Zoologin und Autorin (»Liebst du mich auch?«). Aus: »Das andere Ende der Leine. Was unseren Umgang mit Hunden bestimmt.« Nerdlen, Kynos Verlag Dr. Dieter Fleig GmbH, 10. Auflage 2009.

S. 12: **Marie Corelli** (1855–1924), britische Romanautorin (*»Wormwood: A Drama of Paris«*).

S. 14/15: **Agnes Sligh Turnbull** (1888–1982), amerikanische Lehrerin und Schriftstellerin (*»Der Wandel der Jahre«*, *»Des Lebens Pilgerfahrt«*, *»Jed, The Sheperd's Dog«*).

S. 16: **Kurt Tucholsky** (1890–1935), deutscher Journalist, Satiriker, Literaturkritiker und Schriftsteller (*»Rheinsberg«*, *»Schloß Gripsholm«*), gehörte zu den wichtigsten Publizisten der Weimarer Republik.

S. 18: **Jean Donaldson,** amerikanische Hundetrainerin und Autorin, leitet eine Hundeschule in San Francisco (*»Academy of Dogtrainers«*). Aus: *»Hunde sind anders«*.

S. 20: **Gerald B.H. Solomon** (1930–2001), Abgeordneter im Staate New York, Republikaner.

S. 22: **Lord Byron oder George Gordon Noel Byron, 6. Baron Byron of Rochdale** (1788–1824), britischer Dichter (*»Ritter Harolds Pilgerfahrt«*).

S. 27: **Franz Kafka** (1883–1924), deutschsprachiger Schriftsteller aus Prag (*»Der Prozess«*, *»Das Schloss«*), dessen Werk einen bedeutenden Einfluss auf die Weltliteratur des 20. Jahrhunderts ausübte.

S. 28: **Andrea Köhler** (* 1957), Publizistin. Aus: *»Das Tier und wir«*.

S. 31: **Garth Stein** (* 1960), amerikanischer Schriftsteller (*»Seelendiebe«*). Aus: *»Enzo. Die Kunst, ein Mensch zu sein«*.

S. 32: **Robert Louis Stevenson** (1850–1894), schottischer Schriftsteller (*»Die Schatzinsel«*, *»Der seltsame Fall des Dr. Jekyll und Mr. Hyde«*, *»Der Flaschenkobold«*).

S. 35: **Henry W. Beecher** (1813–1887), prominenter protestantischer Kleriker, Sozialreformer und Gegner der Sklaverei sowie Autor von *»Onkel Toms Hütte«*.

S. 37: **Jon Katz** (* 1947), amerikanischer Journalist und Autor (*»The Family Stalker«*, *»A Good Dog«*). Aus: *»A Dog Year«. © 2002 by Jon Katz. Used by permission of Villard Books, a division of Random House, Inc.*

S. 39: **August Strindberg** (1849–1912), schwedischer Schriftsteller und Künstler, großer Dramatiker seiner Zeit (*»Totentanz«*, *»Fräulein Julie«*, *»Das blaue Buch«*).

S. 42: **Manfred Freiherr von Richthofen** (1892–1918), deutscher Jagdflieger, auch bekannt als der *»Rote Baron«*.

S. 45: **Homer** (8. Jhr. v. Chr.), antiker griechischer Dichter, Verfasser der beiden wichtigsten altgriechischen Epen, der *»Ilias«* und der *»Odyssee«*. Aus: *»Odyssee«*.

S. 49: **Maxim Gorki** (1868–1936), russischer Schriftsteller und Revolutionär.

S. 50: **Sir Walter Scott** (1771–1832), schottischer Schriftsteller (*»Rob Roy«*, *»Die Braut von Lammermoor«*).

S. 52/53: **Johannes Rau** (1931–2006), Deutscher Bundespräsident von 1999 bis 2004.

S. 55: **J. Allen Boone** (1882–1965), amerikanischer Schriftsteller (*»Kinship with all Life«*, *»Letters to Strongheart«*).

S. 57: **Corey Ford** (1902–1969), amerikanischer Humorist, Drehbuchautor und Schriftsteller, (*»How to guess your Age «*). Aus: *»Every Dog should have a Man«*.

S. 58/59: **Gertrude Stein** (1874–1946), amerikanische Schriftstellerin und Verlegerin, wichtige Vertreterin der Avantgarde des 20. Jahrhunderts. (*»Die Welt ist rund«*, *»Ida«*). Aus: *»Jedermanns Biographie«*.

S. 61: **John Steinbeck** (1902–1968), amerikanischer Schriftsteller, Pulitzer-Preisträger, erhielt 1962 den Nobelpreis für Literatur (*»Früchte des Zorns«*, *»Von Mäusen und Menschen«*, *»Jenseits von Eden«*). Aus: *»Meine Reise mit Charley. Auf der Suche nach Amerika.«* Aus dem Englischen und mit einem Nachwort von Burkhart Kroeber. © Paul Zsolnay Verlag, Wien 2002.

S. 62: **James Grover Thurber** (1894–1961), amerikanischer Schriftsteller und Zeichner, der durch seine Kurzgeschichten und Fabeln bekannt wurde. Aus: *»Snaphot of a Dog«*.

S. 65: **Arthur Schopenhauer** (1788–1860), deutscher Philosoph und Autor (*»Die Welt als Wille und Vorstellung«*, *»Ueber den Willen der Natur«*).

S. 71: **Johann Wolfgang von Goethe** (1749–1832), bedeutendster deutscher Dichter (*»Faust I und II«*, *»Götz von Berlichingen«*, *»Der Erlkönig«*), dessen Werk zu den Höhepunkten der Weltliteratur zählt. Aus: *»Faust«*.

S. 72: **Heiliger Alban**, erster Märtyrer Englands, wurde um 303 in Verulam (jetzt: St. Albans in der Grafschaft Hartford) hingerichtet. – Alban nahm in der Christen-verfolgung Diokletians noch als Heide einen fliehenden Kleriker bei sich auf. Durch ihn wurde er Christ und opferte sein Leben, um seinen Gastfreund zu retten.

S. 77: **James Krüss** (1926–1997), deutscher Schriftsteller und Dichter (*»Mein Urgroßvater und ich«*, *»Bienchen, Trinchen, Karolinchen«*, *»Timm Thaler oder Das verkaufte Lachen«*) Aus: *»Der wohltemperierte Leierkasten«*. © cbj Verlag, München, in der Verlagsgruppe Random House GmbH.

S. 78: **Paul Klee** (1879–1940), deutscher Maler des Expressionismus, Konstruktivismus, Kubismus und Surrealismus, der auch am Bauhaus lehrte. Klee ist einer der bedeutendsten Künstler des 20. Jahrhunderts.

S. 81: **Martin Walser** (* 1927), deutscher Schriftsteller (*»Ein fliehendes Pferd«*, *»Tod eines Kritikers«*, *»Der Augenblick der Liebe«*). Aus: *»Das Hundemögliche oder Die Entstehung der Zukunft«*.

S. 84: **Konrad Lorenz** (1903–1989), Mitbegründer der Verhaltensbiologie, Nobelpreisträger und Schriftsteller (*»Die Rückseite des Spiegels«*, *»Das so genannte Böse«*). Aus: *»So kam der Mensch auf den Hund«*.

S. 87: **Cynthia Heimel**, amerikanische Autorin (*»Sex Tips for Girls«*, *»If you leave me, can I come, too?«*). Aus: *»When your phone doesn't ring, it'll be me«*, *Atlantic Monthly Press*.

S. 88: **Virginia Woolf** (1882–1941), britische Schriftstellerin und Verlegerin (*»Ein eigenes Zimmer«*, *»Die Wellen«*), die mit ihrem avantgardistischen Werk als erste Frau zur klassischen Moderne zählt. Aus: *»Flush. Eine Biographie«*. © Quentin Bell and Angelica Garnett 1933. Deutsch von Karin Kersten. © S. Fischer Verlag GmbH, Frankfurt am Main, 1993.

S. 91: **Dave Barry** (* 1947), amerikanischer Kolumnist, Bestsellerautor und Pulitzer-Preisträger. Von 1983 bis 2005 schrieb er im Miami Herald eine humoristische Kolumne, die ihn weit über die USA hinaus berühmt machte. Aus: *»Yellow Journalism«*.

S. 92: **Katharina von der Leyen** (*1964), Autorin (*»Braver Hund«*, *»Der Mops«*). Aus: *»Dogs in the City«*.

S. 95: **Dick Gregory** (* 1932), amerikanischer Komiker, Autor und politischer Aktivist.

S. 96: **Giovanni Torriano** (1520–1585), einer der größten Uhrmacher seiner Zeit, arbeitete unter anderem für Karl V. in Cremona (Lombardei), Italien (*»Select Italian Proverbs«*).

S. 99: **Edward Hoagland** (* 1932), amerikanischer Schriftsteller (*»Red Wolves and Black Bears«*, *»Hoagland on Nature«*).

S. 102: **Richard Nixon** (1913–1994), amerikanischer Politiker (Republikaner) und Präsident von 1969 bis 1974.

S. 105: **Aldous Huxley** (1894–1963), britischer Schriftsteller, der in die USA auswanderte (*»Schöne neue Welt«*, *»Kontrapunkt des Lebens«*).

S. 107: **J. R. Ackerley** (1896–1967), britischer Schriftsteller (*»We think the World of you«*, *»E.M. Forster: A Portrait«*). Aus: *»My dog Tulip«*.

S. 108: siehe Seite 77.

S. 111: **Roger Caras** (1928–2001), amerikanischer Tierfotograf, Autor und Präsident der amerikanischen Tierschutzverbandes ASPCA. Aus: *»A Celebration of Dogs«*.

S. 112: **Doris Day** (* 1924), amerikanische Schauspielerin (*»Bettgeflüster«*, *»Ein Hauch von Nerz«*, Sängerin (*»Qué serà, serà«)* und Tierschützerin (*»Doris Day Animal League«*).

S. 118: siehe Seite 92.

S. 122: siehe Seite 112.

S. 125: **Mazo de la Roche** (1879–1961), kanadische Schriftstellerin. Aus: *»Ringing the Changes«*.

S. 126: siehe Seite 62. Aus: *»Lanterns and Lances«*.

S. 129: **Hilmar Klute** (* 1967), deutscher Journalist und Autor (*»HerzKammerJäger«*). Aus: *»Winston oder Der Hund, der mich fand«*. Verlag Antje Kunstmann GmbH, München 2008.

S. 130: **Henry Beston** (1888–1968), amerikanischer Schriftsteller und Naturforscher. Aus: *»The Outermost House«*.

S. 134: siehe Seite 92.

S. 138: **Barbara Woodhouse** (1910–1988), britische Hundetrainerin und Autorin. In den 1980er-Jahren machte ihre Fernsehsendung *»Train your dog the Woodhouse Way«* sie zu einer berühmten Fernseh-Persönlichkeit in England. Aus: *»No Bad Dogs«*.

S. 142: **James Gardner** (1840–1900), amerikanischer Schauspieler, der besonders durch seine Personifizierung des Detektiv Rockford zur Kult-Figur einer ganzen Generation wurde.

S. 145: **Richard Katz** (1888–1968), deutscher Journalist und Reiseschriftsteller (*»Seltsame Fahrten in Brasilien«*). Aus: *»Spaß mit Hunden«*.

S. 150: **Peter Mayle** (* 1939), britischer Schriftsteller (*»Hotel Pastis«*, *»Mein Jahr in der Provence«*, *»Geld allein macht doch glücklich«)*. Aus: *»A Dog's Life«*.

S. 153: **Harry Truman** (1884–1972), Demokrat und 33. amerikanischer Präsident von 1945 bis 1952. Er war es auch, der im Krieg gegen Japan die Atombomben über Hiroshima und Nagasaki abwerfen ließ.

S. 155: **Desmond Morris** (* 1928), britischer Zoologe, Verhaltensforscher, Publizist und Künstler (*»Der nackte Affe«*, *»Bodywatching/ Körpersignale«*).

S. 156: **François Mitterand** (1916–1996), französischer Politiker und Staatspräsident von 1981 bis 1995.

Namentlich nicht gekennzeichnete Beiträge stammen von der Autorin.

Für meine Familie – Für wen,
wenn nicht für Euch?

Debra

Bibliographische Information der Deutschen Bibliothek

Die Deutsche Bibliothek verzeichnet diese Publikation in der Deutschen Nationalbibliographie; detaillierte bibliographische Daten sind im Internet über http://dnb.ddb.de abrufbar.

BLV Buchverlag GmbH & Co. KG
80797 München

Bildnachweis: alle Bilder von Debra Bardowicks

Umschlagfotos: Debra Bardowicks;
vordere Umschlagklappe: Frank Zauritz

Lektorat: Dr. Friedrich Kögel
Herstellung: Ruth Bost
Gestaltung und Satz: Felix Velasco, Berlin

Printed in Italy
ISBN 978-3-8354-0593-6